世界海洋百科丛书

红将 编写

海神传说

海洋出版社
2012年·北京

蔚蓝世界海洋百科丛书·编写组

主　编：阎　安

编　委：阎　安　屠　强　姚海科　向思源
　　　　柳　茵　吴　溪　肖　炜　郑　珂
　　　　高朝君　闫　琳　王　涛　张均龙
　　　　周伯文　李香红　将李婷
　　　　于向昀　于向昕　项　翔　海　童
　　　　关晓星

本册编写：红　将

项目策划：海洋出版社文社图书出版中心

丛书统筹：北京海洋蓝魔方文化传媒有限公司

责任编辑：张晓蕾

写在前面

海洋约占地球表面积的71%,对经济和社会发展具有重要作用。海洋是生命的摇篮,是地球上最早生物的诞生源地;海洋是风雨的故乡,对全球气候起着巨大的调控作用;海洋是交通的要道,为人类物质和精神文明交流作出了重大的贡献;海洋是资源的宝库,蕴藏着极为丰富的生物资源、矿产资源、化学资源、水资源和能源;海洋是国防前哨,海洋环境对海上军事活动有很大影响;海洋还是认识宇宙、发展自然科学理论的理想试验场。

随着世界人口激增、陆地资源短缺和生态环境恶化,人们越来越多地把目光移向海洋。海洋正以其富饶的资源、广袤的空间,给人类生存和发展带来新的希望,为全球经济和社会可持续发展奠定了坚实的基础。

我国是一个濒海大国,按照《联合国海洋法公约》的规定,我国拥有约300万平方千米的主张管辖海域,相当于陆地国土面积的三分之一。我国大陆海岸线长达1.8万千米,拥有大小岛屿6500多个,岛屿岸线1.4万多千米。

我国的海域处在中、低纬度地带，自然环境和资源条件比较优越，适合发展各种海洋产业和兴办各类海洋事业。海域内海洋生物物种繁多，渔场面积280多万平方千米，滩涂、港湾和20米水深以内的浅海面积260多万公顷，对发展海洋捕捞业和海水养殖业极为有利。我国海域内石油资源量约250亿吨；海洋可再生能源理论蕴藏量6.3亿千瓦；在国际海底区域还拥有7.5万平方千米多金属结核矿区。此外，我国具有深水岸线几百千米，深水港址数十处；适合发展海洋运输业。滨海地区拥有大量旅游景点，适合发展海洋旅游业。

21世纪是海洋世纪，实施海洋开发正是适应国际环境和国内发展要求的一项重大战略决策。要实施这一战略，就必须有效维护国家的海洋权益，树立国民海洋意识，这对整个国家的经济发展、社会稳定、国家安全具有重大意义。

希望这套为普及海洋知识，带领大家了解海洋，认识海洋的读物能真正帮助更多朋友插上知识的翅膀，与中国的海洋事业一起腾飞。

《蔚蓝世界海洋百科》编写组

目次

海洋神话篇（1）

海洋诸神（2）

海洋的神秘与幻想　海洋神话的起源
统治大海的神明们　神话中的大海之神
原始宗教海洋信仰　中国古海神
呼风唤雨的海之王　"龙"之家族
慈祥的海洋保护者　"天后"妈祖
坐镇一方的海洋神　中国各地的海神信仰
手持三叉戟的海王　波塞冬
贪婪的海上摧毁者　埃吉尔

英雄传说（18）

征服大海的英雄们　人与海斗争的传说
斩龙抽筋的小英雄　哪吒
化身为鸟兮填大海　精卫
各显神通兮渡沧海　八仙
寻找金羊毛的冒险　伊阿宋

海域秘境（28）

人类未抵达的秘境　海洋深处的神秘
眼花缭乱的珍宝库　龙宫
海面下的灿烂文明　亚特兰蒂斯
海船与飞机的坟墓　百慕大三角

海中精怪（36）

波涛中的奇幻精灵　海洋精怪

WEILAN SHIJIE HAIYANG BAIKE CONGSHU

龙王爷的忠实仆从　虾兵蟹将龟丞相
吞吃水手的女海妖　斯库拉
大海上的妖异歌声　海妖塞壬
半人半鱼的美少女　美人鱼
波涛中的巨型怪兽　北欧神话中的海怪
逡巡在海面的幽灵　幽灵船
横跨赤道的大星座　鲸鱼座

传说故事（52）

龙宫中的定海神针　孙悟空和金箍棒
神仙世界海上家园　海外仙山
洪水中的生命之舟　诺亚方舟
出埃及记中的神迹　摩西举杖分红海
穷小子的龙宫奇遇　浦岛太郎

海神祭祀（62）

祈求神明驱灾赐福　中国沿海海神祭祀
备牲礼祭海祭龙王　龙王庙祭祀

海洋神话篇
HAIYANG SHENHUA PIAN

世界 海洋百科丛书·海神传说 2

海洋诸神 海洋的神秘与幻想

海洋神话的起源
HAIYANG SHENHUA DE QIYUAN

南宋海船发掘现场

海洋的浩瀚使人类感到自身的渺小，海洋的丰饶为人类提供了取之不竭的宝藏，而海洋的神秘则让人类既恐惧又忍不住想要接近它，探寻那些隐藏在海洋深处的秘密。

对人类来说，海洋是强大的、神秘的、难以征服的，在性能优异的海船出现之前，情况更是如此。

无数航海先驱被大海肆虐的风暴、隐藏的暗礁、浮动的冰山吞没而葬身海底。1973年，在一次寻找石油的钻探中，偶然在中国浙江余姚发现了河姆渡古人类遗址，从厚达2米的海生贝壳层中，发现了一把小型木桨，证实了船的历史至少有7000年之久。

在中国的夏代出现过"东狩于海，获大鱼"的文字记载，说明我们的祖先早已开始向大海寻求食物。

人类对海洋的梦幻与追求一脉相承，航海的人们穿越海洋，发现了新的大陆、新的人群，航海者们用他们的勇敢和牺牲，逐渐揭开海洋神秘的面纱。

然而与几乎没有尽头的海洋比起来，人类和他们创造的船只实在是太渺小了。在海洋无尽的力量面前，人类在大多数时候只能感觉到自己的渺小，即使是最勇敢的航海者也不得不低下高傲的头颅，在狂暴的风浪中祈求大海的宽恕和恩赐。

出于对海洋的敬畏，人类"创造"出了代表海洋威能的神灵，这些代表着海洋富饶、深邃、神秘、慈爱、狂暴、冷酷等各种特征的众神，隐藏在波涛中掌控着神秘水域中的一切。而人类只能通过复杂而虔诚的祭祀仪式，求海神保佑他们出海一帆风顺，平安归来。

海神是大海的化身，更是人类精神的寄托。龙王、妈祖、波塞冬……这些或威严，或慈祥，或残暴的海神，都是人类对大海某个属性的抽象概括。

随着人类对海洋的探索，人类与海洋的关系也在逐渐改变，除了对海洋力量的敬畏之外，更多人性化的生活气息被加诸在海洋的精神属性上，友情、爱情、勇气、奉献、牺牲……这些人类最美好的情感通过那些跌宕起伏的神话传说而鲜活起来，在人类的文明中代代流传。

可以说，海洋神话是人类认识海洋、探索海洋、征服海洋的记录，是先驱者们留给我们的宝贵文化遗产。

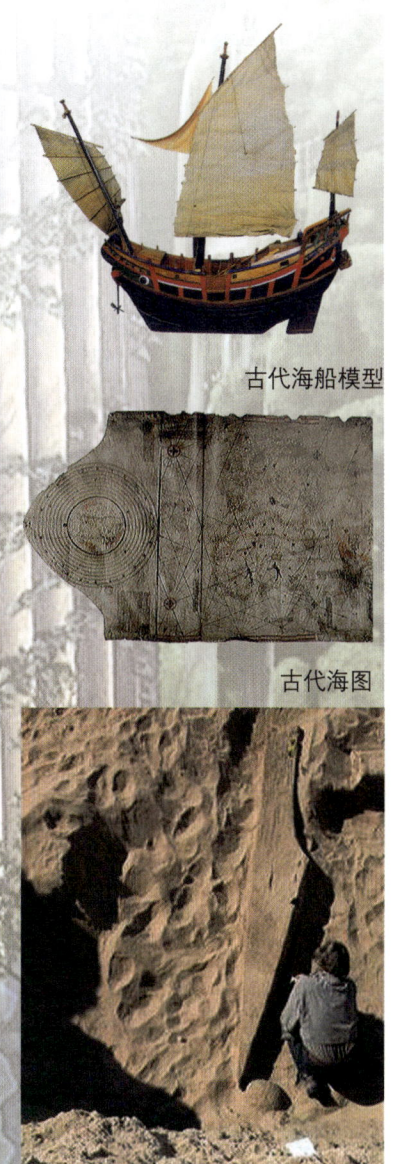

古代海船模型

古代海图

古代海船遗迹

统治大海的神明们

神话中的大海之神
SHENHUA ZHONG DE DAHAI ZHISHEN

关于海神的传说，最早在巴比伦文明中出现。巴比伦人崇敬海神"艾亚"，传说她的外形类似美人鱼。

在希腊神话中，大海诸神的领袖是"海皇"波塞冬，众神之王宙斯的兄弟。这位海皇的脾气不是很好，当他动怒时会用三叉戟拍打海面，这样就会引起狂风和巨浪。为了让波塞冬心情愉快，希腊人在最危险的峭壁上建立了宏伟壮观的海神庙，并用丰盛的祭品进行献祭，以乞求这位海皇陛下保佑出海的船只。

在北欧神话中，海神埃吉尔的形象是贪婪、阴险、暴躁的恶棍，这和当时北欧人从事航海活动，时常有船只在大海中遭遇飓风、暗礁沉没有关。

在古代中国，曾经有过许多关于海神的传说，不过这些远古的海洋神灵都在时间的长河中逐渐被人遗忘，只能在古书中找到记载他们的只言片语。

巴比伦神化中的海神

龙王塑像

中国最著名的海神当属龙王家族。在许多关于海洋的中国神话里，"龙"这种神话中高贵而强大的生物不再是虚幻的图腾，而是威仪四方的海中帝王，如同地面上的皇家一样，龙王家的王子、公主人丁兴旺，统领着无数虾兵蟹将，还有似乎足智多谋的龟丞相出谋划策。龙王家族住在海底的龙宫中，坐拥无数令人眼花缭乱的金银财宝，就连孙悟空的金箍棒都是从龙宫里"借"来的定海神针。

除了龙王家族之外，中国许多地方都有自己的海神信仰，其中影响最多的是"妈祖"。与威严的龙王爷相比，妈祖是一位温和慈爱的女性海神，象征着大海包容宽厚的一面。

亚洲各国的海洋神话受到中国的影响，许多中国的海洋神话随着贸易散播到亚洲沿海各地，在那里又被加入了当地的文化特征。例如日本浦岛太郎的龙宫神话，就是中国龙宫的日本版本。

波塞冬铜像

人类向海神挑战

龙

原始宗教海洋信仰

中国古海神
ZHONGGUO GU HAISHEN

中国关于海神的记录最早见于中国神话的经典《山海经》。

《山海经·大荒东经》中记载:"东海之渚中,有神,人面鸟身,珥(ěr)两黄蛇,践两青蛇,名曰禺(yú)虢。黄帝生禺虢,禺虢生禺京。禺京处北海,禺虢处东海,是惟海神。"

《山海经·海外北经》中记载:"北方禺疆,人面鸟身,珥两青蛇,践两赤蛇。"

《山海经·大荒南经》中记载:"南海渚中,有神,人面,珥两青蛇,践两青蛇,曰不廷胡余。"

《山海经·大荒西经》中记载:"西海渚中,有神,人面鸟身,珥两青蛇,践两赤蛇,名曰弇(yǎn)兹。"

根据这些记载,可以知道我国最早的四海海神为:东海海神禺虢、南海海神不廷胡余、西海海神弇兹、北海海神禺疆。

山海经图画

四海海神的神形特征，东海海神禺虢、西海海神弇兹、北海海神禺疆都是人面鸟身，珥两蛇、践两蛇；只有一个例外，即南海海神不廷胡余是人面，而非鸟身。但珥两蛇、践两蛇的特征也是一样的。

根据传说，东海及北海海神是父子关系，而他们的先祖则是黄帝，这就说明我国原始海神信仰一开始就和日本、古朝鲜一样，与王权相联系。

随着历史的推移，四海海神的称谓也有所变更。《太公金匮》一书中说："东海之神曰勾芒，南海之神曰祝融，西海之神曰蓐收，北海之神曰玄冥。"陈子艾认为这是把四方方位神与四海海神混同的结果。汉代以后，海神信仰日趋人神化，四海海神不仅有了新的称呼，还配了夫人。可见，在中国古代的原始海神中，在不同的历史阶段就有不同的称谓和说法，而《山海经》中的四海海神称谓，是较为著名并为大家所普遍接受的。

黄帝像　　　　禺疆　　　　禺疆圆形玺

呼风唤雨的海之王
"龙"之家族
LONG ZHI JIAZU

佛教传入中国后,佛教中统领水域的龙王开始与中国龙蛇海神融合,逐渐成为新的龙神。隋唐时期,海龙王的面容虽然仍有龙蛇特征,但其体貌却似人间的帝王。

龙王是中国北方渔民普遍崇信的海神。龙虽然是中国古代很早就已经产生的神灵之物,而且在其最初的神性中就有司水降雨的功能,但民间关于龙王的信仰还是与佛教的传入,尤其是与后来道教的龙王观念有关。

汉代以后佛教传入中国,佛经中关于龙王"勤力兴云致雨"的说法逐渐兴盛。唐宋以来,道教在其神谱中也说东南西北皆有龙王,四海龙王的观念更为民间广泛接受,龙王的信仰也逐渐遍及各地。因龙王司水,渔民便把龙王当作海神崇拜,并且成为渔民信仰中最重要的神灵。

龙王爷塑像

龙王庙内塑像

道教的四海龙王分别是：东海龙王沧敖广，南海龙王赤安洪圣济王敖闰，西海龙王素清润王敖钦，北海龙王浣旬泽王敖顺。

山东沿海各地供奉的龙王一般都是东海龙王敖广。在唐代，山东沿海就建有龙王庙。在蓬莱市北丹崖山上的一处龙王庙始建于唐代初期，最初建于山顶，后为修建蓬莱阁而将龙王庙西移。庙中所奉祀的海神王，就是民间的"龙王"。宋代著名文学家苏东坡到登州任职期间，曾在这里留下了著名的《登州海市》。在山东沿海的一些偏僻岛屿和渔村，龙王庙更是当地渔民必不可少的信仰场所。这些龙王庙与上述龙王庙相比规模要小得多，历史也不可考，一般都是用石头搭成，和村里的土地庙相似，但比土地庙要高、要大，石头都是经过加工的料石，比土地庙堂皇得多。龙王庙内大多坐有龙王石像或泥塑像。

龙图腾

龙太子

龙王

龙太子

龙形玉玺

慈祥的海洋保护者"天后"妈祖

TIANHOU MAZU

妈祖塑像

妈祖塑像

天后,即南方所称的"妈祖",山东沿海渔民普遍称其为"海神娘娘",山东最东端的部分渔民把渔船归航称为"归山",因此把天后也称作"归山娘娘"。

天后信仰,起源于南方,明清以来,随着南北海上航运的开展逐步传到北方,并成为沿海渔民普遍崇信的海神之一。

天后在历史上确有其人,据专家考证,天后姓林名默,祖籍福建省莆田县湄州屿,生于北宋建隆元年(960)3月23日,逝于宋雍熙四年(987)9月9日。林默自幼聪明,勤奋好学,后来从巫,为民占卜吉凶,驱灾治病,勇于助人为乐,成为当地的名巫。林默谢世后,被群众奉为地方保护神,后来历代统治者封其为"夫人"、"天妃"、"天后"等。有许多关于天后的神话在民间流传,在民间受到广泛的崇信。

"天后"妈祖为众人所信仰的一个重要原因,是航海事业在宋代以后的各个王朝中占有重要地位。宋朝至元朝是中国航海事业空前发展的时期。对于偏安的南宋朝廷来说,海上贸易是其主要的经济命脉。元朝定都北京后,粮食供应依赖于南方,从元世祖至元年间通过海上航道运输量每年达数万石之多。

明代以郑和和王景弘七次下西洋，每次出海之前，郑和都要对妈祖顶礼膜拜，修庙立碑，其后明清两代册封使更是在所乘舟船中供奉神像，逐渐形成封舟开航之前举行隆重祀典的习俗。

在历代对妈祖的褒扬倡导中，作为官方政治代表的朝廷发挥了越来越重要的作用。在宋代，共对妈祖进行了14次褒封，其中有7次是由于妈祖治疫、防风、救旱等与民众利益休戚相关的圣迹传说。其后的元、明、清三代对妈祖褒封不下20余次，其显圣迹的传说却无一不涉及政治、经济、军事等国家事务活动。元代的5次褒封全部与漕运有关。明代虽然只褒封2次，但与出使有关的御祭就达14次之多。清代褒封15次，有5次属保护册封使，7次与军事活动有关。

妈祖塑像

妈祖庙

坐镇一方的海洋神

中国各地的海神信仰
ZHONGGUO GEDI DE HAISHEN XINYANG

除了龙王和天后妈祖之外，中国还有许多其他的海神，许多帝王将相、历史名人、先哲贤人以及为民献身的渔夫舟子等，死后也作为海神被人们所纪念。以下是中国各地信仰的一部分。

潮神：江浙沿海供奉的是伍子胥。这是一位春秋时代功勋卓绝的吴国大夫，因其直言忠国受谗屈死，被吴王夫差砍头而浮尸江海中，怒而涌起钱江大潮，被尊为潮神。

船神：在我国东南沿海俗称船老爷、船菩萨。在嵊泗列岛俗称船关老爷。船神的情况较为复杂，有男的，如鲁班，因他是造船的祖师爷。有关羽，因他刚毅勇猛，受到渔夫尊敬。也有杨甫老大，是个捕鱼能手。

网神：在舟山群岛一说网神是海青天海瑞，因捕墨鱼的轮子网是海瑞发明的。另一说是龙身人首的伏羲，因伏羲受蜘蛛结网捕飞虫之诱发，从而发明了渔网，为渔民闯海猎鱼创造了诸多方便。

关公像

伍子胥像

鲁班像

海瑞像

大禹像

礁神：我国东南沿海有许多礁群。如嵊泗大洋岛有个圣姑礁，礁上有个庙宇，供奉着圣姑娘娘。圣姑娘娘就是一位礁神。渔船过礁必登礁祭祀，以免触礁、破网等事故发生。

鱼神：山东沿海有位海神，俗称"老人家"、"老赵"、"赶鱼郎"等，其实是位鱼神，即鲸鱼。鲸鱼能逐鱼入网，故称"赶鱼郎"。鱼丰即发财，又称"老赵"，意谓财神赵公元帅。浙江舟山群岛海神中也有鱼神崇拜。如船出外洋，路遇大鱼，即洒米粒、赠船旗、叩拜祭典，以求鱼神庇护。舟山把鲸鱼称为"乌耕将军"，"乌耕"露面，意谓鱼群涌至，渔夫敲锣打鼓放鞭炮，并举行盛大的海祭，以求海神降福兆吉，喜获丰收。

岛神：我国东南沿海岛屿，岛岛都有地方神，或谓岛神。岛神有主岛神和主岙神，情况非常复杂。如闽南、台湾一带主岛神大都是天后妈祖。舟山群岛的主岛神大都是观音、龙王或关羽。但全国各地不同历史时代也有许多颇具特色的岛神。如台湾、福建还有水仙信仰，水仙庙中供奉的是大禹王、伍子胥、屈原、王勃、李白，都是一些历史上的杰出人物。

手持三叉戟的海王

波塞冬
BOSAIDONG

波塞冬是希腊神话中的十二主神之一，克洛诺斯与瑞亚之子，宙斯之兄，地位仅次于宙斯，掌管环绕大陆的所有水域。他用令人战栗的地动山摇来统治他的王国，并且能够掀起或是平息狂暴的海涛。

尽管波塞冬在奥林匹斯山有一席之地，但是大部分时间他都住在海洋深处其灿烂夺目的金色宫殿里。有时候，他会手持三叉戟，坐在铜蹄金鬃马驾的车里掠过海浪，巡查他的疆域。波塞冬经常手持三叉戟，这成了他的标志。当他愤怒时，海底就会出现怪物，他挥动三叉戟就能引起海啸和地震，而象征他的圣兽海豚则显示出海的宁静和波塞冬亲切的神性。

爱琴海附近的希腊海员和渔民对他极为崇拜。三叉戟并非只用来当武器，它也被用来击碎岩石，从裂缝中流出的清泉浇灌大地，使农民五谷丰登，所以波塞冬又被称为丰收神。

波塞冬神庙

波塞冬

波塞冬雕塑

波塞冬的神性广泛，有强烈的侵略性和极大的野心，时刻想夺取宙斯天帝的宝座，但被宙斯发觉，把他放逐到地上受刑，帮助劳梅顿王修建特洛伊城。此外他还常与诸神交战，在雅典和特罗森城就有过他和雅典娜的争霸战。

波塞冬和宙斯一样好色。他的妻子安菲特里忒在成为王后之前是海河中的美丽仙女。

有一天她和姐妹们在纳格索斯岛上舞蹈，波塞冬对她一见钟情，像大鲨鱼一样猛扑过去。仙女惊恐之际潜入海底，波塞冬立刻派一只海豚追逐。安菲特里忒被追得疲惫不堪，只得乖乖坐在海豚的背上，成了波塞冬的新娘。

波塞冬神像

波塞冬追逐安菲特里忒

波塞冬有许多情人，这些情人为他生了很多儿子。他和自然女神托俄萨斯生的一个儿子叫库克罗佩斯，而其他儿子中独眼巨人波吕斐摩斯特别出色，但后来被奥德修斯刺瞎了眼睛。波塞冬与地母盖亚生的儿子名叫安泰，又称安泰俄斯，他生性好斗，只要经过利比亚的人都必须和他格斗。可是，在格斗的时候，只要他不离开大地，就能从大地母亲的身上汲取力量。当他遇到宙斯的英雄儿子赫拉克勒斯时，被三次打倒都无损伤。赫拉克勒斯终于发现了他恢复力气的秘密，于是他用强有力的手臂把安泰举在空中，然后将他掐死。

波塞冬图案的银币

贪婪的海上摧毁者
埃 吉 尔
AIJI'ER

海洋对北欧的维京人来说非常重要,北欧最著名的航海者就是维京海盗。在北欧的神话体系中,海洋也占了相当重要的部分。变化无常的海洋给北欧人带来许多危险和死亡,他们在征服海洋的同时,也对海洋流露出深深的恐惧,这种恐惧直接表现在他们对海神的描述上。

北欧神话中的深海之神名为埃吉尔。在北欧神话中,埃吉尔属于一支独特的神族,以波涛汹涌的深海为领土。埃吉尔统领着海中的波涛,传说中常见的形象是一位老人,有长而白的头发及胡须。埃吉尔经常来到海面上追逐海船,摧毁并倾覆它们,然后将船只的残骸拖到水底的宫里。

埃吉尔的妻子名叫蓝,这位女神同时也是他的姐妹。蓝和她的丈夫埃吉尔一样贪婪而残忍,她喜欢在危险的礁石旁或海上暴风雨时撒下她的网,捕捉那些因为船只失事而溺死在海中的亡者灵魂,所以她又被视为海洋中的死神。

北欧神话

北欧神话中的英雄

北欧神话中的英雄

北欧神话中的英雄

北欧神话

凡在海中溺死的人，他们的灵魂都会被蓝带走，因为蓝非常贪财，所以那些溺死者必带些金子在身上，以便献给蓝以博得她的欢心。

蓝拥有一座和主神奥丁的"英灵殿"类似的华丽宫殿，专门款待那些溺死者，当然只有奉献金子给她的人才能得到款待。

埃吉尔和蓝生了九个女儿，代表了大海中的波涛。

北欧神话中的海神

这些女神都有雪白的肌肤、深蓝的眼睛、柔软妖娆的身体。她们穿着透明的、青色的、白色的，或绿色的纱衣，喜欢在水面上游戏。有时她们的游戏成为打闹，互抓头发，撕衣服，猛冲在礁石上，疾声呼号。这九个女神常是三人一组地出来，她们常常追随在维京人的船旁，帮助他们达到目的地，或者是掀翻维京人的船，将他们抛入海底。

英雄传说 征服大海的英雄们

人与海斗争的传说

REN YU HAI DOUZHENG DE CHUANSHUO

英雄奥德修斯

航海英雄郑和

在所有民族的神话故事中,英雄传说都是其中不可或缺的部分。和那些高高在上的神灵不同,英雄都是人类社会的一员,至少"曾经"或者"一部分"是人类,勇气、正义、怜悯、牺牲,这些人类最美好的品质在他们身上散发出高贵的光芒。可以说,英雄是整个人类对实现自我、征服自然的渴望,而神秘莫测又充满危险的大海正是英雄们成就不朽功业最好的舞台之一。

在神话传说中,英雄们因为种种原因来到充满危险的大海上,他们穿过狂风巨浪,潜入海底深渊,探察诡异秘境,登陆蛮荒海岛……经历重重磨难之后,英雄们向凶神恶煞的怪兽或恶神发起挑战。

郑和宝船模型

英雄

英雄

和这些怪兽或者恶神比起来，英雄们似乎是非常弱小的，但他们会使用自己最大的武器——勇气和智慧向盘踞在海中的恶势力发起挑战，并最终将恶势力击败，一次又一次拯救无数生命，并为自己赢得财富、荣耀，以及美人的芳心。

神话中的怪兽和恶神其实就是海洋本身某些特性的具象化，代表着海洋狂暴、凶狠、不可捉摸的一面，而英雄们则代表了所有敢于向凶险的大海发起挑战的人们，也代表着人类探索海洋这片神秘世界的渴望。

在现实中，人们没有传说中英雄的力量和法术，在无边无际的大海面前显得更加弱小，然而正是这些弱小的人年复一年、世世代代，运用他们和英雄一样有力的武器——勇气和智慧——征服了一片又一片神秘的大海，他们是渔夫、是水手、是水兵，甚至是海盗。他们中大多数人的名字早已随着流逝的时间消失在海洋的波涛之中，然而他们才是征服大海的英雄，真正的英雄。

斩龙抽筋的小英雄
哪 吒
NEZHA

哪吒

哪吒姓李，陈塘关总兵李靖的第三子。据说，他是乾元山金光洞太乙真人的弟子灵珠子，奉玉虚宫法牒，脱化陈塘关李门为子，辅佐姜子牙灭成汤。

哪吒出生时就充满神话色彩。李靖夫人殷氏怀孕三年零六个月，生下个肉球，李靖大惊，一剑砍去，分开肉球，跳出一个孩子。他手套金镯，腹围红绫，满地走。这金镯和红绫系金光洞镇洞之宝——"乾坤圈"和"混天绫"。

就在李靖惊疑不定的时候，太乙真人登门道贺，收孩子为徒弟，取名"哪吒"。

哪吒天赋异禀，7岁的时候已经是力大无穷。5月的一天，哪吒到九湾河东海口洗澡，他身上的混天绫有翻江倒海的法力，引起龙宫震动。

东海龙王派巡海夜叉来探查，哪吒年少气盛，双方发生口角，最终动起手来，哪吒用乾坤圈把夜叉打得脑浆迸流。

哪吒

哪吒

哪吒闹海

哪吒

哪吒

得知消息之后，龙王三公子敖丙带领兵将气势汹汹赶来，双方一场恶战，最终敖丙被哪吒用混天绫擒住，抽筋而亡。

痛失爱子的东海龙王到天宫告状，却在宝德门被哪吒拦住一顿痛打，还被抓下四五十片鳞甲，鲜血淋漓，狼狈不堪。东海龙王狂怒之下上奏天庭，指哪吒犯下灭门之罪，并联合四海龙王水淹陈塘关，一时间天降大雨，陈塘关内外积水三尺，百姓流离失所，苦不堪言。哪吒想要反击，遭到李靖的阻拦，并收去哪吒的两件法宝。

当四海龙王联名奏准玉帝来拿哪吒及李靖夫妇问罪时，哪吒说："一人行事一人当，我打死敖丙，我当偿命，岂有子连累父母之理？"然后，他断臂剖腹，剜肠剔骨，还于父母。哪吒的勇气和孝道感动了天庭，李靖夫妇亦因此得赦，龙王也将洪水退去。

哪吒雕像

后来，太乙真人借莲花与鲜藕为身躯，使哪吒还魂再世。复生后的哪吒手持火尖枪，脚踏风火轮，大闹龙宫，最终降服龙王。

化身为鸟兮填大海

精 卫

JINGWEI

根据《山海经》记载,在中原北边有一座发鸠山,山上的柘树林里生活着一种小鸟,叫"精卫"。精卫鸟的羽毛是黑色的,嘴是白色的,爪子是鲜红色的,脑袋上还有花纹,它常常叫:"精卫!"所以人们叫它"精卫鸟"。

精卫鸟会叼着石子、树枝飞到东海,把石子、树枝扔到海里,然后再回来叼,一直不停歇。

传说中记载,精卫本是炎帝的女儿,年幼时就非常懂事。她常常穿着一双红鞋,把很多花插在自己头上,打扮得漂漂亮亮的。

有一天,精卫跑到东海边上去看日出,当她看到霞光万道、光芒四射、一轮红日从海面上跳出来的时候,她喜欢极了。因此很想去看看东海以外太阳升起的地方。可是,太阳升起的地方在东海以外几亿万里的"归墟",那地方很热很热,而且炎帝公务繁忙,不可能带女儿去那么远的地方。

精卫填海

精卫雕塑

然而神秘的归墟太吸引人了,精卫始终无法忘怀。终于有一天,她再也忍不住好奇,独自一人跳入东海,向东方的归墟游去。

开始的时候,精卫游得很起劲儿,不过当离岸边越来越远的时候,她也感到越来越疲惫。当她的体力耗尽,一阵风浪袭来将她吞没,精卫沉入了东海,再也没有浮起来。然而,精卫的精魂没有死,她的灵魂化作小鸟,头上的野花化作脑门的花纹,脚上的红鞋变成了红爪。精卫对吞没自己的大海充满怨恨,因此发誓要填没东海。精卫鸟一刻不停地衔来石子和树枝,往东海扔。即使遇到狂风暴雨,它也在风雨中穿行。为了繁衍后代,精卫和海燕结成配偶,精卫和海燕生下的孩子,雌的就像精卫,雄的就像海燕。这些精卫鸟都继承了祖先的意志,为了填平东海而努力一生。

精卫填海的事惊动了天神。水神共工很佩服精卫的精神,于是就降下洪水,把高原上的泥沙冲进大海,把海水都搅黄了。

当大海发觉自己真有被填平的危险时,急忙用潮汐把那些泥沙推向岸边,泥沙在岸边沉淀下来,就形成了海涂。人们把海涂改造成良田,精卫鸟的故事也在这片土地上一代代流传了下来。

精卫填海雕塑

精卫填海

精卫填海雕塑

精卫填海

各显神通兮渡沧海

八 仙
BAXIAN

八仙过海

"八仙"指的是铁拐李、汉钟离、张果老、蓝采和、何仙姑、吕洞宾、韩湘子、曹国舅这八位神仙人物。关于他们有许多神话传说，其中八仙过海是最脍炙人口的故事之一，最早见于杂剧《争玉板八仙过海》中，明朝文人吴元泰所著《东游记》中有详细的叙述。

八仙过海

传说有一天八仙要到东海蓬莱岛游玩。本来八仙腾云驾雾，一眨眼就可到达，可是吕洞宾提出要乘船过海，观赏海景，他拿来铁拐李的拐杖，往海里一抛，顿时变成一艘大船，八仙坐船观景，喝酒斗歌，好不热闹。

海中龙王的第七个儿子是一条花鳞龙，称为"花龙太子"。这天他听到海面上有仙乐之声，循声寻到一条雕花龙船，内坐八位奇形怪状的大仙，其中有个妙龄女仙，桃脸杏腮，楚楚动人。花龙太子迷上了何仙姑，打算将其强抢回去。

平静的海面突然掀起一个浪头，将雕花龙船打翻，原来是花龙太子拦路抢亲，想把何仙姑抢到龙宫里去。花龙太子催动虾兵蟹将，掀起漫海大潮，向八仙淹来。

八仙大怒，各施展法术和花龙太子及其手下虾兵蟹将斗在一处，最终将花龙太子斩杀。东海龙王痛失爱子，邀集北海、南海及西海龙王，一时之间双方僵持不下，在海上引起惊涛骇浪。最后还是由南海观音菩萨出面调停，双方才停战罢手。

关于八仙过海故事的起源，还有另外一个故事。传说北宋建隆年间，沙门岛是朝廷囚禁犯人的地方，凡军人犯了法，都发配沙门岛。岛上犯人越来越多，但朝廷每年只拨给300人的口粮，沙门岛看守头目便想了个狠毒办法：当犯人超过300时，便将其中一些扔进海里淹死。一次，有50多名囚犯得到即将被杀的消息，便趁着天晴月朗，避开看守，抱着葫芦、木头等轻浮的物体跳入海中，往蓬莱山方向游去。从沙门岛到蓬莱约30里，途中多数犯人都因体力不支而沉入海底，只剩下七男一女，八人借着水流游到了岸边。当地渔民得知他们是从沙门岛游水越海而来，无不惊奇万分，把他们称作"神人"。此事越传越神，这八名犯人被传称为"八仙"，他们用来渡海的物品也被传为他们各自的法器，他们渡海逃狱的故事则演变成"八仙过海"。

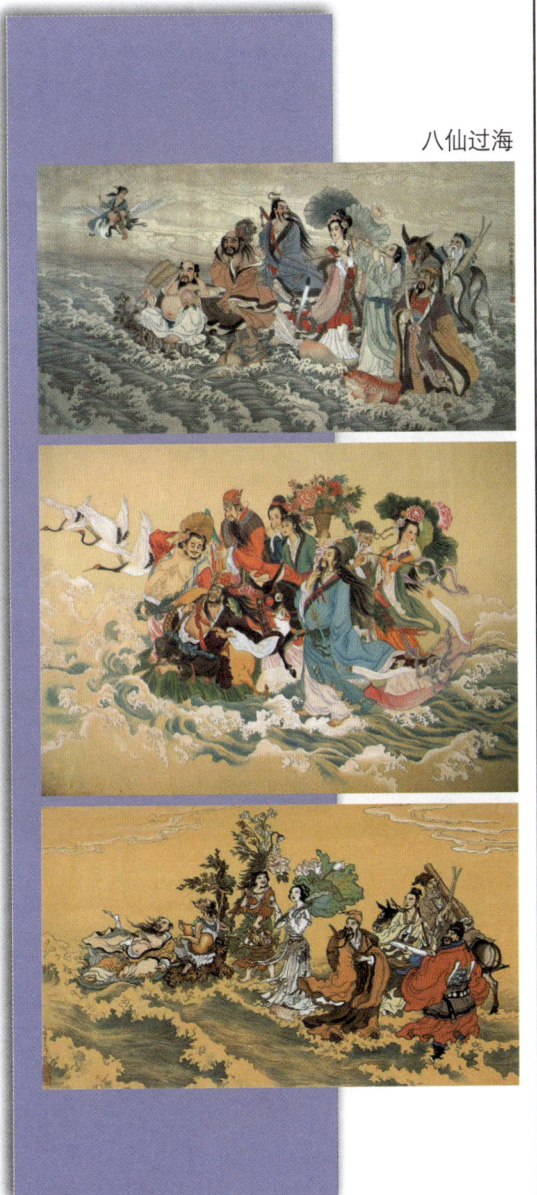

八仙过海

寻找金羊毛的冒险
伊阿宋
YI'ASONG

伊阿宋的冒险游戏画面

伊阿宋是希腊神话中最著名的英雄之一，传说中他是国王埃宋的儿子，从小被喀戎培养成了勇敢而智慧的勇士。在伊阿宋20岁那年，他被篡位的叔叔珀利阿斯挑拨而踏上了寻找传说中的稀世之宝——金羊毛——的航程。

为了完成寻找金羊毛这一壮举，伊阿宋请来了多位他师从喀戎时的同窗好友。这些人个个都是顶天立地的英雄豪杰。

在智慧女神雅典娜的帮助下，希腊最优秀的船匠阿尔戈斯为他们造了一艘大船。这条船用在海水中永不腐烂的木料制成，可以容纳50名桨手，船上雕梁画栋。这艘船以它的制造者的名字命名为"阿尔戈"号，意思是"轻快的船"。据说，这是希腊人驶向大海的第一艘大船。

一个风和日丽的清晨，众英雄各就各位。随着伊阿宋一声令下，"阿尔戈"号拔锚起航。

寻找金羊毛的航程　　　　　　伊阿宋雕像

伊阿宋和美狄亚

　　在大海上，有丑陋而危险的巨大海怪，也有唱着魅惑歌声的女海妖，还有奥林匹斯众神设下的重重困难。但伊阿宋和他的英雄伙伴们突破了艰难险阻，终于来到科尔喀斯城。

　　在美狄亚公主的帮助下，伊阿宋驯服神牛耕种土地，并在这片土地播种了龙牙，然后杀死了所有从龙牙生长出来的邪恶武士，从而通过了国王埃厄忒斯的苛刻考验。然而埃厄忒斯并没有按照约定将金羊毛交给伊阿宋。

　　在美狄亚和俄耳甫斯的帮助下，伊阿宋来到挂着金羊毛的橡树下，用俄耳甫斯的琴声和美狄亚的歌声催眠，使看守的巨龙昏睡，最终得到了金羊毛，胜利登船返航。

　　在返回希腊的航程中，英雄们除了要对付妖魔和巨浪，还要躲避埃厄忒斯派出的追兵，经历了无数艰险之后，他们最后终于平安返回了希腊。

喀戎与伊阿宋

　　众神之王宙斯被英雄们惊天动地的壮举感动，把金羊毛和"阿尔戈"号海船都提升到天界，这便是白羊座和南船座。而金羊毛被伊阿宋取走以后，那条毒龙也无事可做了，宙斯觉得它对自己的工作还是尽职尽责的，便把它也升到了天上，这就是天龙座。

海域秘境 人类未抵达的秘境

海洋深处的神秘
HAIYANG SHENCHU DE SHENMI

海底人类文明遗迹

从古至今，海洋深处的秘密始终吸引着人们。在科技尚未萌发的古代，即使是最勇敢的采珠人也只能潜入海面下几十米的深度，大多数人只能站在海面上敬畏地慨叹大海的深邃与神秘，用想象去构建海面下的世界。

即使是在人类文明高度发达的今天，人类虽然征服了天空，征服了宇宙，但大海深处仍然是无法触及的神秘领域，谁也不知道那黑暗、寒冷的世界里到底隐藏着什么。

对于这片无法探索的未知领域，人们既向往又恐惧，无数的神话传说也由此诞生，即使是在科学高度发达的现代也是一样。

希腊智者柏拉图曾经记录过关于亚特兰蒂斯的详细描述，让这座沉入海底的美丽都市留存在美丽的传说中引人遐思；古老的中国人为龙神在海底"建造"了满是奇珍异宝的豪华宫殿，龙神一族和他们的仆从生活在这里，接待八方来客。

而在现代，百慕大三角沉没的船只和坠毁的飞机则是在诉说着新的秘境传说……

关于这些秘境的传说为无数的文学作品提供了丰富的素材，这些文学作品又被改编成了电影、电视、游戏……时至今日，这些或阴森恐怖，或富丽堂皇，或光怪陆离的海洋秘境已经成了海洋文化不可或缺的一部分。

即使是在未来，关于海洋秘境的传说仍然会继续存在，而且会越来越神秘，越来越精彩。

海底人类文明遗迹

眼花缭乱的珍宝库

龙 宫
LONGGONG

龙的形象

龙女

龙宫，顾名思义，就是龙族居住的宫殿。和西方躲在阴暗洞穴深处看守宝藏的喷火怪兽龙不同，在东方的神话传说中，"龙"是行云布雨的神兽，被赋予了极高的神圣地位，同时也是帝王皇权的象征，皇帝都喜欢称自己为"真龙天子"，表示自己是上天委派来管理这个国家的。

因为龙族与皇权息息相关，龙族之王自然也被赋予了帝王一般的地位，其中地位最高的就是统御四海的四海龙王，而与他们身份相符的居所，就是龙宫，富丽堂皇的海底宫殿。

龙的形象

需要说明的是,传说中江河湖海都有龙王,他们的住宅也被称为龙宫,不过规模和气派比起四海龙王的龙宫可就差得远了。

龙王的亲眷,包括絮絮叨叨的龙婆、惹是生非的龙子、偶尔与人类谈谈恋爱的龙女……都居住在龙宫里。龙王的幕僚、仆从和兵将也居住在龙宫附近,帮助龙王管理治下的大片海域。

龙宫最出名的,恐怕得说是里面的宝物了,从某种意义上来说,龙宫就是宝藏的同义词。传说中,龙王的宝库里堆满了金银珠宝、珊瑚玛瑙、珍珠翡翠等无数珍宝,还有各种法力无边的神器。关于龙宫宝藏最著名的传说,大概就是孙悟空和那根定海神针的故事了——孙悟空寻兵器没有上天廷,也没有下地府,偏偏来到海中的龙宫,可见龙宫宝藏的盛名。

在与中国文化一脉相承的日本,神话中的龙宫也是金碧辉煌、珍宝遍地的宫殿,美丽的龙族公主在仆人们的簇拥下生活在这里。

龙女成亲

从某种意义上来说,金碧辉煌的龙宫是美丽富饶的大海在神话中的缩影,就像龙宫里无尽的珍宝一样,大海中蕴藏着取之不尽的宝藏,等待着勇敢的人们去探寻。

海面下的灿烂文明

亚特兰蒂斯
YATELANDISI

传说中，创建亚特兰蒂斯王国的是海神波塞冬。

在一座岛屿上有位美丽的少女，波塞冬娶了这位少女，并与她生了五对双胞胎儿子，于是波塞冬将整座岛划分为十个区，分别让给十个儿子来统治，并以长子为最高统治者，因为长子叫做"亚特拉斯"(Atlas)，因此这个国家被称为"亚特兰蒂斯"王国。

亚特兰蒂斯王国十分富强，除了岛屿本身物产丰富外，来自埃及、叙利亚等地中海国家的贡品也十分丰富。

亚特兰蒂斯

柏拉图和他的学生

亚特兰蒂斯

在亚特兰蒂斯的都城中有祭祀波塞冬的神殿，这个神殿内部以金、银、黄铜和象牙装饰着。亚特兰蒂斯的海岸设有造船厂，船坞内排列着三段桨的军舰，码头上挤满了都是来自世界各地的商船和商人。

在希腊哲学家柏拉图的描述中，亚特兰蒂斯是一个美丽富饶、技术先进的岛屿，亚特兰蒂斯人拥有的财富多得无法想象。亚特兰蒂斯人最初诚实善良，具有超凡脱俗的智慧，过着无忧无虑的生活。然而随着时间的流逝，亚特兰蒂斯人的野心开始膨胀，他们的生活也变得越来越腐化，极尽奢华，道德沦丧，并开始派出军队，征服周边的国家。亚特兰蒂斯征服的目标是雅典，他们拥有强大的军队和先进的武器，本以为很容易就能够攻克雅典，但雅典人的抵抗出乎意料的坚强，依托雅典城阻挡了亚特兰蒂斯人的进攻，并最终将他们赶出了家园。

亚特兰蒂斯人的狂妄和贪婪激怒了众神，在亚特兰蒂斯军队撤出雅典的那一天，海神波塞冬将地震和洪水降临在大西岛上，在一天一夜之后，亚特兰蒂斯完全被海水吞没，从此消失在深不可测的大海之中。

在很多传说中，这座城市拥有超越时代的科技，直到现在仍在海底深处繁衍生息。

海船与飞机的坟墓

百慕大三角
BAIMUDA SANJIAO

海底飞机残骸

"百慕大三角"名称的由来,是由于1945年12月5日美国19飞行队在训练时突然失踪,当时预定的飞行计划是一个三角形,于是人们把美国东南沿海的西太平洋上,由百慕大到佛罗里达州南部的迈阿密,然后通过巴哈马群岛,穿过波多黎哥到西经40度附近的圣胡安,再折回百慕大形成的这个三角地区,称为百慕大三角区或"魔鬼三角"。

"百慕大三角"从1880—1970年,约有158次失踪事件,其中大多是发生在1949年以来的30年间,曾发生失踪97次,至少有2000人在此丧生或失踪。

1981年8月,一艘名叫"海风"号的英国游船在百慕大海区突然失踪,当时游船和船上6人同时消失。8年之后,这艘船又在百慕大原海区奇迹般地出现了,船和船上6人均安然无恙。这6个人对已逝去的8年时光毫无觉察,以为仅仅是过了一霎间,调查人员反复告诉他们已经过去了8年,才让他们勉强接受这个事实。

调查人员之一的澳大利亚UFO专家哈特曼对此十分兴奋,因为在百慕大海区失踪的人员重新再现,这还是首次。虽然以前

海底沉船

曾有失踪的船只出现,但无法弄清楚事情始末。尽管这6人未能圆满回答调查人员的话,但他认为,用催眠术很可能搞清他们这次奇遇的细节,从他们身上会得到惊人的发现。

到目前为止,对"百慕大魔鬼三角"的解释可归纳为如下两类:一是这些失踪是由于超自然的原因造成的,其中被很多人认可的原因是外星人的飞碟在作怪。二是这些失踪是自然原因造成的,如地磁异常、洋底空洞,甚至还有人提出泡沫说、晴空湍流说、水桥说、黑洞说等。

海底沉船

直到现在,发生在百慕大三角的事件仍然没有定论,各方研究者都在寻找支持自己论点的证据,希望能够揭开笼罩这片神秘海域上的重重迷雾。

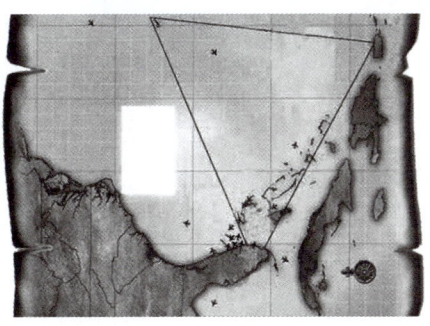

百慕大三角区地图

海中精怪 波涛中的奇幻精灵

海洋精怪
HAIYANG JINGGUAI

海洋是所有生命的摇篮,也诞生了无数精灵和妖魔,在世界各地的神话传说中,这些来自海洋的精怪都是衬托英雄们英勇冒险不可或缺的"绿叶"。

从某种意义上来说,海洋精怪的传说代表了人们对海洋中未知危险的恐惧,在科学技术尚不发达的时代,航海是一项极其危险的行为,风暴、巨浪、暗礁、冰山等无数危险躲藏在航程的每一个角落,稍不注意就会前功尽弃,葬身海底。面对无法解释的危险,人们用传说故事的方式将它们记录下来,并广为流传。经过口口相传和有意无意的加工,一个个或恐怖,或神秘的海洋精怪就诞生了。

以中国为主的东方文明认为"万物皆有灵",一切事物都能获得灵识,因此传说中海洋里的精怪大都是现实中的海洋生物拟人化所生成的,比如由海龟化身的龟丞相,由虾蟹化身的虾兵蟹将,其他各种鱼类、蚌类甚至水母、海参等生物都可以化身为精灵,其中有些还与人相恋,流传下美丽的爱情故事。

海怪

与东方传说的海中精灵相比,西方传说中的海洋精怪更多的是一些体型庞大、形容丑陋的食人巨兽,即使是拥有美好歌喉和姣好面容的海妖女和美人鱼,也是为了用歌声和美貌诱惑水手触礁,然后吞食他们的血肉。在近代西方文学作品中出现了一些人性化的海洋精灵,比如安徒生笔下的小美人鱼。

到了现代,随着科学技术的进步,人类对海洋的认识逐渐加深,然而海洋的神秘感却始终没有消失,反而出现了幽灵船等现代传说,让原本就神秘莫测的大海变得更加难以捉摸。

鱼人

人鱼

龙王爷的忠实仆从
虾兵蟹将龟丞相
XIABING XIEJIANG GUICHENGXIANG

龟丞相

在东方神话里，龙王是统御四海的王者，在他手下当差的自然也是海中的水族，其中比较出名的就是龙王爷的幕僚龟丞相，以及卫戍龙宫的虾兵蟹将们，几乎龙王每次出场，身边都少不了这些忠实的跟班。

龟丞相是修炼千年的海龟，可以化身为人。身为龙王的亲信幕僚，龟丞相常常会陪同龙王幻化为人，到人间游玩。它掌管着龙宫内外的大小事务，并为龙王出谋划策，龙王也对它言听计从。据说若有人类对龙宫有恩，龟丞相便会现出原形，来到岸边，接引该人到龙宫，接受龙王的馈赠。

虾兵蟹将往往是泛指龙王手下的军队，至于为什么蟹是将而虾是兵，还有个传说故事。

传说东海龙王想去北海采宝石，先是派山头黄鱼去，山头黄鱼到了北海还没找到宝石就被冻死了。龙王得不到音讯，又派出螃蟹去北海。螃蟹历尽艰辛，终于采回宝石，可龙王听信谗言，不但没有给螃蟹赏赐，反而将它关了起来。

龙宫水族

北海龙王得知宝石被东海龙王盗采，派出魟鱼带兵打来。魟鱼尾生毒刺，连杀了东海几员大将，东海龙王想起铜身铁骨的螃蟹，急忙将它从监狱里放了出来，派它率领虾兵出战。

螃蟹铜身铁骨，魟鱼的毒刺刺不进去，反而崩断了，螃蟹乘胜追击，率领虾兵将北海的进攻击溃，得胜回营。东海龙王大喜，封螃蟹为"铁甲将军"，那些虾兵则成了螃蟹手下的兵丁，于是它们就被称为"虾兵蟹将"。

吞吃水手的女海妖

斯库拉

SIKULA

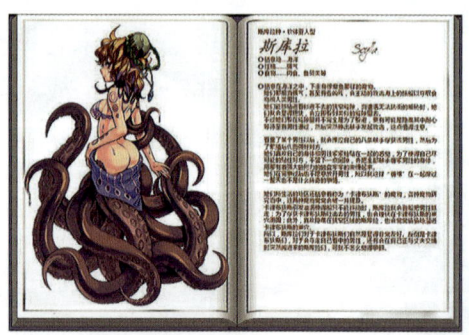

斯库拉

斯库拉是希腊神话中吞吃水手的女海妖，她有6个头12只手，腰间缠绕着一条由许多恶狗围成的腰环，并且有猫的尾巴。

根据传说，斯库拉曾经是一位美丽的水仙女，是海神福耳库斯的众多子女之一。一位英俊的渔夫格劳科看到了在水边漫步的斯库拉，疯狂地爱上了她，然而斯库拉并不喜欢他，并且躲避着他的追求。格劳科为爱情所苦，向女巫师喀耳刻陈述了自己对斯库拉的爱慕并请求帮助，谁知喀耳刻却因为这些爱情故事爱上了这位渔夫，但格劳科没有接受她的爱。因爱成恨的喀耳刻把怨恨都归结到斯库拉身上，偷偷在斯库拉洗澡的水中投下魔药和毒蛇，使得她变成恐怖的6头12足妖兽的模样。

斯库拉守护在墨西拿海峡的一侧，这个海峡的另一侧有名为卡律布狄斯的旋涡。船只经过该海峡时只能选择经过卡律布狄斯旋涡或者是斯库拉的领地。它们每天在意大利和西西里岛之间的海峡中兴风作浪。

航海者在妖怪和旋涡之间通过是异常危险的，它们时刻在等待着穿过西西里海峡的船舶。当船只经过时，斯库拉便要吃掉船上的6名船员。在《奥德赛》故事中，奥德修斯的船接近卡律布狄斯大旋涡时，它像火炉上的一锅沸水，波浪滔天，激起漫天雪白的水花。当潮退时，海水浑浊，涛声如雷，惊天动地。正当舵手小心地驾船从左绕过旋涡时，海怪斯库拉突然出现在他们面前，它一口叼住了6个船员。奥德修斯亲眼看见自己的同伴在妖怪的牙齿中间扭动着双手和双脚，挣扎了一会儿，他们便被嚼碎，成了血肉模糊的一团。其余的人侥幸通过了卡律布狄斯大旋涡和海怪斯库拉之间危险的隘口。

现实中的斯库拉是位于墨西拿海峡一侧的一块危险的巨岩，它的对面是著名的卡律布狄斯大旋涡，在英语的习惯用语中有"Between Scylla and Charybdis"的说法——前有斯库拉巨岩，后有卡律布狄斯旋涡，翻译过来就是"进退两难"的意思。

斯库拉

斯库拉

大海上的妖异歌声
海妖塞壬
HAIYAO SAIREN

塞壬雕塑

　　塞壬是希腊神话中人首鸟身的怪物，经常飞降海中礁石或船舶之上，又被称为海妖。塞壬都拥有美丽的体态和姣好的面容，以及令人痴迷至疯狂的歌喉，它们常常在礁石上放声歌唱，用自己的歌喉吸引过往的水手，让他们在这美丽的声音中失去理性，将船驶向礁石触礁而沉没。

　　传说塞壬是河神埃克罗厄斯的女儿，是从他的血液中诞生的美丽妖精。因为对自己的歌声过于自负，塞壬与艺术之神缪斯比赛歌唱，结果落败，被缪斯拔去双翅，使之无法飞翔。失去翅膀后的塞壬只好在海岸线附近游弋，用自己的歌喉吸引过往的水手使他们遭遇灭顶之灾。

传说中塞壬居住的小岛位于墨西拿海峡附近，在那里还同时居住着另外两位海妖斯基拉和卡吕布狄斯，因此这片海域的海水下堆满了受害者的白骨。

在希腊神话里，英雄奥德修斯率领船队经过墨西拿海峡的时候，女神喀耳斯向他发出了忠告。为了对付塞壬姐妹，奥德修斯采取了谨慎的防备措施。船只还没驶到能听到歌声的地方，奥德修斯就令人把他捆在桅杆上，并吩咐手下用蜡把他们的耳朵塞住。他还告诫他们通过海峡时不要理会他的命令和手势。

缪斯

不久，奥德修斯听到了迷人的歌声。歌声如此令人神往，他拼尽全力挣扎着要解除束缚，并向随从叫喊着要他们驶向正在繁花茂盛的草地上唱歌的海妖姐妹，但没人理他。海员们驾驶船只一直向前，直到最后再也听不到歌声。这时他们才给奥德修斯松绑，取出他们自己耳朵中的蜡。

另外，太阳神阿波罗之子，善弹竖琴的俄耳甫斯也曾顺利通过塞壬居住的地方，因为他用自己的琴声压倒了塞壬的歌声。

塞壬

半人半鱼的美少女

美人鱼
MEIRENYU

传说美人鱼的上半身是美丽的女人，下半身是披着鳞片的漂亮的鱼尾。传说中，美人鱼没有灵魂，她们像海水一样无情，声音通常像其外表一样具有欺骗性。美人鱼擅长唱出魅惑人心的歌声，无数的水手们就被这样引向不归路。

在世界各地的很多民间传说中都有美人鱼与人类结婚的故事。

在大多数故事里，都是人类男子偷走了人鱼的帽子、腰带，或是梳子、镜子。当这件东西被男人妥善藏好的时候，人鱼会跟他一起生活，一旦被她找到自己的失物，她就会回到海里。

美人鱼

美人鱼

在许多传说中,人鱼对人类而言是很危险的。人鱼赠与人类的礼物会带来不幸,比如引发洪水或其他的灾难,而在航海途中看到人鱼则是沉船的恶兆。

西南太平洋群岛上的美拉尼西亚人也有类似的神话传说,他们的美人鱼名为"阿达拉",上半身为人形,下半身为鱼形,居住在太阳里,经由彩虹来到人间,平时隐匿于海上的龙卷风之中。阿达拉在美拉尼西亚人眼里是一种危险的生物,他们会用飞鱼袭击人类,使他们昏迷不醒,甚至死亡。

人鱼的传说流传很广,根据现代研究者的推测,很可能是当时的水手没看清楚,把海洋哺乳类动物儒艮看成了人鱼的形象,再经过以讹传讹之后才产生了人鱼的传说。但这种说法并没有太多事实根据。直到现代,仍然有很多人都信誓旦旦地说自己清清楚楚地看到了人鱼的出现,却也没有能够提供更多的证据。

在文学作品中,人鱼多半用来象征不幸,下场都很凄惨,最后都得不到幸福,如安徒生童话中最后在清晨的阳光中化为泡沫的小美人鱼。附带一提,虽然大家所熟悉的人鱼雕塑,下半身只有一条尾鳍,但古老的西方绘画里,人鱼通常都是两条尾鳍,这点相当不可思议。

波涛中的巨型怪兽

北欧神话中的海怪
BEI'OU SHENHUA ZHONG DE HAIGUAI

自古以来,世界各国的渔夫和水手们中间就流传着有关海中巨怪的恐怖故事。

在传说中,这些海怪往往体形巨大,形状怪异,长着7个或9个头。在这些怪物中最著名的当属1752年卑尔根主教庞托毕丹在《挪威博物学》中描述的"挪威海怪"。很多传说中都形容挪威海怪就像一个浮动的岛屿,拥有许多粗壮的伸缩手臂,这些手臂能够轻易将当时最大的战舰折断,并将残骸拖入海底。

对于航行的海船来说,真正的危险并不仅仅是这些巨大的怪物本身,当它迅速潜入海底时造成的巨大旋涡同样是致命的威胁。

海怪

关于挪威海怪的一个具有代表性的描述记载在瑞典人雅各·沃伦伯格1781年出版的《我的儿子在渡船上》中，根据彭托皮丹的说法，挪威渔夫经常冒着生命危险在海怪的上方捕鱼，因为这样捕获量会很大。如果一个渔夫的捕获数量异常多，其他渔夫往往会对他说："你一定是在海怪的上方捕鱼！"彭托皮丹声称人们有时会错误地将挪威海怪当成是一个岛屿，并且有一些地图中纳入的只有部分时间才能目击的岛屿实际上就是挪威海怪。

自从18世纪晚期以来，关于挪威海怪有许多不同的说法，大都把它描述成类似章鱼的生物。彭托皮丹的说法可能是建立在水手们对大乌贼观察的基础上。在最早期的描述中，挪威海怪更像螃蟹而不是章鱼。挪威海怪一般具有与鲸鱼相关的特征。另外，挪威海怪的某些特征与冰岛地区的海底火山运动有些类似，这些特征包括水泡、急流和出现新的小岛。

19世纪以来，关于海怪的传说逐渐消失，但偶尔仍然有关于巨大海洋生物的报道见诸报端。这些庞然大物是否真的存在，还是一个未解之谜。

海怪摧毁船只

海怪

逡巡在海面的幽灵

幽灵船

YOULING CHUAN

  幽灵船，顾名思义就是无法解释的鬼魅般的船只。一些幽灵船是失踪或已沉没的船只，但却不知为何再出现在海面上，另外一些幽灵船则是无合理解释地随全体船员失踪后再出现的无人空船。

  1881年12月12日，"艾伦·奥斯汀"号正在北大西洋航行，遇到了一艘双桅帆船在海上漂荡，船上空无一人。船长格里芬派大副上船察看，他们发现船尾的船号及注册港地名均被抹掉，但帆船是完好的，货舱里满是瓶装的果汁和葡萄酒，储舱里还有大量的食物和淡水。经过检查之后，格里芬船长决定将这条船和它上面的货物拖走并据为己有。然而在拖拽的过程中，这条船又再次神秘失踪了，连同格里芬船长派到它上面的船员一起！

  1894年，德籍海轮"匹克赫本"号在印度洋发现了一艘帆船，无人驾驶，船员除一人外全都死亡，但死因不明，唯一的一个活着的，也已经疯了，究竟发生了什么，谁也搞不明白。"匹克赫本"号船长只好命令把船带走，一起靠到了南非的开普敦港。当地海事管理机构为调查此事费了一年时间，最终也仅搞清了发疯的正是该船的船长，而事故原因仍一无所知。

幽灵船

　　这样的神秘事件，即使到了近代，我们还常能从传媒中听到——海上发现被遗弃的快艇，艇上有充足的食物、饮料，救生设备和无线通信设施俱在，但没了主人。查看的结果几乎成了定规："一切正常，但人不知去向。"失事船上的海员，直到遇难前都在正常地工作，甚至连即将发生灾难的任何兆头都不曾察觉。

　　谁也说不清楚，在这些不幸的船上，到底发生了什么，但人们相信，终有一天会搞清事情的来龙去脉。

横跨赤道的大星座

鲸鱼座
JINGYU ZUO

仰望夜空,天上有很多星座的名字其实都来源于海洋神话传说,比如以海怪命名的鲸鱼座。

传说古希腊英雄珀耳修斯是大神宙斯和阿耳戈斯的一位公主所生的儿子。在他刚出生的时候,他的外公得到神谕,知道自己将来会死于外孙之手,就将他投入了大海。珀耳修斯在宙斯的保护下漂洋过海,被一位国王收养,成为一位本领高强的豪杰。他的英名传到了天上,智慧女神雅典娜很欣赏他,于是做了他的保护神,并交给他一项任务,让他去取戈耳工三姐妹中的怪物美杜莎的头。

珀耳修斯

美杜莎是戈耳工三姐妹中最小的妹妹,长着一头蛇发。任何人只要看她一眼,就会变成石头。在雅典娜的指导下,珀耳修斯先拿到了三件宝物,一双穿上以后能够飞行的绊鞋、一只皮囊和一顶戴在头上就可以隐形的狗皮盔。他借着青铜盾牌里映出的影像,砍下美杜莎的头,将其装入皮囊,并降服了从美杜莎身体里跳出来的飞马,把它收为自己的坐骑。

珀耳修斯骑着飞马经过地中海的时候遇到了狂风，被吹到了埃塞俄比亚的海岸。他发现海边岩石上有一位用锁链捆绑住的少女。原来这少女是埃塞俄比亚国王的女儿安德里墨达公主。由于王后到处夸耀她的美丽，引起了海神的不满，于是海神派来一个巨大的海怪祸害百姓，神谕说只有把公主作为献祭，让海怪吃掉，才能化解这场灾难。

公主的诉说引发了珀耳修斯的同情。他决定除掉海怪，拯救公主。不久，海怪从深海中浮了上来，是一条庞大的鲸鱼。珀耳修斯让公主闭上眼睛，从革囊里掏出了美杜莎的头。一瞬间，鲸鱼怪就变成了一块巨大的岩石。

珀耳修斯救了公主，也赢得了国王、王后和全国人民的敬意，大家一致决定把公主许配给他为妻。海神看在宙斯和雅典娜的面子上，不再追究这件事。

珀耳修斯的塑像

珀耳修斯带着美丽的妻子回到了自己出生的国家。老国王听说后，怕早年间的预言应验，就跑到另一个国家避难，这个国家正在举行盛大的节日宴会，珀耳修斯受邀去表演掷铁饼，不幸误杀了自己的外公。这使他非常难过。雅典娜为了安慰他，也是为了表扬他的功绩，就将他提升到天上，成为了英仙座。同时，珀耳修斯的妻子也升上天界，这就是仙女座；他的岳父、岳母成了仙王座和仙后座；他的坐骑就是现在的飞马座。那只被他除掉的鲸鱼怪也被一起带到了天上，成了一个横跨赤道的大星座，它就叫鲸鱼座。

鲸鱼座

传说故事 龙宫中的定海神针

孙悟空和金箍棒
SUNWUKONG HE JINGUBANG

龙宫寻宝是《西游记》中脍炙人口的桥段，讲述了孙悟空入龙宫寻找称手兵器，最终得到定海神针的故事。

孙悟空拜师得道之后，回到花果山操演手下的猴子猴孙习练兵刃，自己却始终找不到一把称手的兵器，因此非常苦恼。其手下四只老猴提议去东海龙宫，找老龙王要件称心兵器。孙悟空艺高胆大，立刻使个避水法，分开水路进入东海海底，径自来到龙宫门前。

东海龙王敖广见势不妙，急忙率手下龙子龙孙、虾兵蟹将出来迎接，对孙悟空颇为礼敬。

《西游记》电视剧剧照

动画片孙悟空

当孙悟空提出要兵器的时候，龙王派人抬出一杆3600斤的九股叉来，孙悟空拿起试了一下，连连称轻。龙王既惊且怕，又派人抬出一杆7200斤的方天画戟，孙悟空仍然嫌轻，让龙王再拿宝贝出来。

眼看孙悟空神力无边，龙王更加惊怕，却又不知如何是好，这时龙婆提醒说宝库中有一块神铁，是大禹治水之时定江海浅深的定子，正好送给孙悟空打发他走。龙王深以为然，因为神铁太重抬不动，便请孙悟空一同前去宝库。

孙悟空见到定海神针，是一根铁柱子，约有斗来粗，二丈多长，两头是两个金箍，中间乃一段乌铁；紧挨箍有镌成的一行字，唤做"如意金箍棒"，重13500斤。

《西游记》电视剧剧照

孙悟空随口说道："再短细些方可用。"话音未落，定海神针就短了几尺，细了一围。孙悟空大喜，知道这宝贝能够随心变化，而且分量称手，十分满意，又向龙王索要了一身披挂，这才志得意满地回到了花果山。

从此之后，这根叫做如意金箍棒的定海神针就随着孙悟空战天庭兵将，斗各路妖魔，直至成为斗战胜佛，仍随在身边。

金箍棒

神仙世界海上家园

海外仙山

HAIWAI XIANSHAN

三仙山风景区仿建的瀛洲仙境

在《西游记》里有这样一段情节：唐僧等一行五众经过万寿山五庄观，由于猪八戒嘴馋，唆使孙悟空去偷人参果，引起纠纷，孙悟空一怒之下推倒了人参果树，五庄观主人镇元子抓住唐僧等人，要求孙悟空救活人参果树。孙悟空为此跑到海外仙山上去找福禄寿三星求教，这三座海外仙山就是瀛洲、方丈和蓬莱。

实际上，中国传说中的海外三仙山，在不同的时期，有不同的所指。但"瀛洲、方丈和蓬莱"是流传最广、知名度最高的版本。关于这三座仙山的传说，起源很早，基本定型当于战国时代。在《史记·封禅书》、《汉书·郊祀志上》等著作上都有记载。从《史记》、《汉书》的描写看，古代渤海沿岸的人民，看到渤海中的海市蜃楼，不明白它的科学成因，以为海中真的有这样一些岛屿。他们便到海中寻找，果然发现一些原来不了解的新岛屿。从蓬莱、方丈、瀛洲这些名称看，应是古代东莱人所寻找的地方。

王献唐在《炎黄氏族文化考》一书中为我们揭密了三座仙山的来历——它们都是上古时期夷人所居之地。王献唐指出：蓬莱犹风莱，为风夷、莱夷所居之地。方丈之方为风音所转，丈即场字，方丈即风族也即莱夷所居之地。瀛洲之瀛即嬴，为嬴族所居海中之陆地。嬴亦夷之。夷也为东莱的原有部族。《黄县志》上说：黄县尧时为嵎夷地。蓬莱、方丈、瀛洲都是莱夷在海中居住的海岛。

海雾笼罩下的胜境

战国时期，神仙学说盛行，方士们便把海市蜃楼现象加以渲染，说成是海中的神山，山上有长生不死药。传说三仙山上，禽兽及万物都是白色，宫阙为黄金白银所砌。这样的渲染直接导致了"海外寻仙"事件的产生，秦始皇、汉武帝都曾派人去海外仙山访仙，求取不死仙药。

宋、元、明时期以后，就有一些人指出：三神山是指海中的海市蜃楼现象。元人于钦的《齐乘》、清代钱泳的《履园丛话》中都记载过类似的观点。现代学者们也认为，海市蜃楼现象就是三仙山传说的实质。

三仙山的传说在民间流传很广，在很多文学著作中得到淋漓尽致的体现。这都反映出古人对美好神仙生活的无比向往。近年来，山东新建三仙山休闲景区，使得传说中的海外三仙山美景在人间得以还原。

十八学士登瀛洲

洪水中的生命之舟

诺亚方舟

NUOYA FANGZHOU

有关诺亚方舟的记载出现在圣经的《创世纪》和亚伯拉罕诸教中,是一艘根据上帝的指示而建造的大船,其建造的目的是为了让诺亚与他的家人,以及世界上的各种陆上生物能够躲避一场大洪水灾难。

由于偷吃禁果,亚当夏娃被逐出伊甸园,人类打着原罪的烙印,无休止地相互厮杀、争斗、掠夺,人世间的暴力和罪恶简直到了无以复加的地步。上帝看到了这一切,非常后悔造了人,打算将所造的人和走兽、昆虫以及空中的飞鸟都从地上消灭。但是他又舍不得把他的造物全部毁掉,他希望新一代的人和动物能够悔过自新,建立一个理想的世界。

在罪孽深重的人群中,只有诺亚在上帝眼前蒙恩。上帝认为他是一个义人,很守本分;他的三个儿子在父亲的严格教育下也没有误入歧途。

诺亚方舟

上帝选中了诺亚一家：诺亚夫妇、三个儿子及其媳妇，作为新一代人类的种子保存下来。上帝告诉他们七天之后就要实施大毁灭，让他们用歌斐木造一只方舟，并选取飞禽走兽的种子进入方舟。

2月17日那天，诺亚600岁生辰，大雨开始日夜不停，降了整整40天，积水比最高的山巅都要高出许多。凡是在旱地上靠肺呼吸的动物都死了，只留下方舟里人和动物的种子安然无恙。

方舟载着上帝的厚望漂泊在无边无际的汪洋上。上帝顾念诺亚和方舟中的飞禽走兽，便下令止雨兴风，风吹着水，水势渐渐消退。

诺亚601岁那年的1月1日，地上的水退净了，到2月27日，大地全干了。诺亚全家和方舟里的其他所有生物，都按照种类出来，人类和动物得以继续繁衍。

诺亚方舟

出埃及记中的神迹
摩西举杖分红海
MOXI JUZHANG FEN HONGHAI

摩西雕塑

摩西是纪元前13世纪的犹太人先知,旧约圣经前五本书的执笔者。带领在埃及过着奴隶生活的以色列人,到达神所预备的流着奶和蜜之地——迦南。

根据圣经的记载,当他们来到红海边的时候,摩西向耶和华大声呼吁,求上帝为他们开路。耶和华就对摩西说:"你吩咐以色列人继续往前走。你要举手向海伸杖,把水分开,以色列人要下去,从海中走干地。"摩西按照上帝的吩咐向红海伸出手杖。一阵大风从东边吹过来,使海水在一夜之间退去,露出干地。海水向两边分开,成了左右的高墙。这条海心的道路从此岸一直通到遥远的彼岸。摩西一声令下,以色列人浩浩荡荡的队伍踏上了上帝所开辟的海心之路。火柱的光芒直射在滔滔的浪花之上,映照了海底的道路,形成了一道人们有史以来从未见过的奇观。

摩西举杖分红海

摩西接受十诫

追赶他们的法老和埃及人见此，就连同一切的马匹、车辆和马兵也跟着下了海。耶和华上帝从天上向埃及的军兵观看。这奇妙的云柱，在这些惊异的人眼前成了变幻莫测的火柱。埃及人十分狼狈，极其惊慌。车辆不时地出现故障，军马都在颤抖。

埃及的全军都乱了套。他们仿佛听到了上帝的愤怒之声，震天动地。他们已经站立不住了，想要掉转脚步，逃回他们所离开的岸上去，但已为时太晚。

此时，以色列人已经全部安全抵达彼岸了。上帝命令摩西再次伸出他的杖，将凝固的海水复原。于是堆积在两边的海水发出大声怒吼，以排山倒海之势向海中央急急回流；埃及的军队全都被卷入水流汹涌的旋涡中，连同所有的车辆马匹，都淹没在海底的深渊中。

以色列人亲眼目睹上帝的伟大作为，看见他们的仇敌遭到报应，埃及人的尸体都漂浮在海面上，心中不由得肃然起敬。他们一辈子也忘不了这一次被奇妙拯救的经历。

出埃及记

穷小子的龙宫奇遇

浦岛太郎
PUDAOTAILANG

浦岛太郎是日本民间的传说故事,讲的是一名叫做浦岛太郎的年轻渔夫在海底龙宫城的奇遇。

有一个渔夫名叫浦岛太郎,他很穷,却总是很快乐,心地非常善良。

有一天浦岛太郎出海回来,看到海边沙滩上有一群孩子在喧闹,原来他们逮住了一只小乌龟,正在戏弄。浦岛太郎赶走了淘气的孩子,救下了小乌龟,把它放回了大海。

几年之后的一天,浦岛太郎正在海边钓鱼,一只乌龟从海水中钻了出来,邀请他去海底的龙宫城,浦岛太郎兴奋地答应了,坐上了乌龟的背,跟随它进入了美丽的海底世界。

海底世界中的龙宫公主

穿过动人心魄的海底世界之后，浦岛太郎来到了海底富丽堂皇的龙宫城，见到了美丽的龙宫公主。公主感谢浦岛太郎救下了那只乌龟，并邀请他在龙宫里做客。

浦岛太郎在龙宫里留了下来，每天都吃着可口的海味，观看鱼儿优美的舞蹈，公主对他也非常温柔。这生活就如同梦幻一般幸福。

但是没过多久，浦岛太郎就开始想家了，他惦记自己妈妈的身体，想念村子里的朋友，这思念让美食索然无味，优美的舞蹈也变得无聊。于是，浦岛太郎向公主提出想要回家。公主虽然依依不舍，却仍然答应了浦岛太郎的请求，临别的时候送给浦岛太郎一只百宝箱，告诉他遇到困难的时候可以打开。

浦岛太郎乘坐乌龟离开了龙宫，回到自己家乡的海边，却发现有些不对劲，家乡的村子完全变了模样，自己的家也找不到了。浦岛太郎找人一问，才发现自己在龙宫住的这几天，人间已经过去了好几百年，自己的亲人和朋友都已经死去了。

面对剧变，浦岛太郎不知道如何是好，忽然想起龙宫公主送的百宝箱，急忙将它找了出来，迫不及待地将百宝箱打开。

百宝箱里猛地蹿出一股白烟，将浦岛太郎卷了进去，当白烟散尽的时候，浦岛太郎已经变成了一个白胡子老人。

变成老人的浦岛太郎回想着美丽的龙宫城，已经分不清这到底是真实还是梦幻。

浦岛太郎

海神祭祀 祈求神明驱灾赐福

中国沿海海神祭祀
ZHONGGUO YANHAI HAISHEN JISI

对于海神的信仰与崇拜，贯穿于沿海渔民生产、生活的整个过程当中，因此，沿海渔民十分重视有关海神的祭祀活动，并且形成了固定的祭祀仪式。

沿海渔民有关海神的祭祀活动主要有三种形式：一是春季祭海，二是各种庙会和节日中的祭祀，三是渔业生产中的祭祀。

春季祭海代表着一年渔业生产的开始。

对于沿海渔民来讲，他们对于春季祭海的重视程度已经远远超过了春节。春季祭海的时间一般都在谷雨前后，祭海日期的选择要请人查皇历，确定黄道吉日。各地都有一套独特的祭海仪式，用以表达对海神的崇敬。

在沿海地区，庙会和节日中的祭祀活动许多都与海神信仰有关。

海神祭祀仪式

这些庙会的会期一般都是从神灵的生日或忌日而来，但由于各地民间对于神灵的解释不同，出现了同一个神灵不同生日或忌日的现象，致使各地庙会的会期也出现了不同。比如龙王庙的庙会大都在农历六月十三，据说这天是龙王爷的生日，而天后宫的庙会则各地会期不一。

海神祭祀仪式

民间节日期间对于海神的祭拜主要集中在春节。每年的大年三十，白天要上船将各处打扫干净，舱门上张贴起大红对联；大年夜，鸣锣上船请"海神娘娘"回家过年。元旦初一的五更起来，第一件事就是鸣锣登船祭拜，然后才回家为亲人拜年。海边渔村凡有龙王庙的村庄，每年春节初一的清晨，渔民首先要到海边的龙王庙上香，然后才进行其他节日活动。

妈祖祭祀典礼

过去，稍大一点的船上都专设神龛，供奉海神娘娘，有的海上运输的帆船还有专管上香的香童。日照一带渔民，每当渔船遇到风浪，放椗抛锚后，船老大要率领全船人员祭拜海神娘娘，船老大站在船面上，口含清水朝东南漱一次，再进舱为海神娘娘上香敬酒，口中念念有词，祈求风平浪静。平安返航时，有的人在龙王庙唱大戏，以筹谢神灵。据老渔民讲，在渔船遇到风浪时，海神娘娘送来的灯，以挂在不同椗杆的不同方位昭示此行的安危凶险，给人们以鼓舞和启示。在捕捞或航运过程当中，如果遇到鲸鱼群，即"龙兵过"时，所有船只必须避让，焚香烧纸，敲锣打鼓（专营海运的大帆船都带有响器），并向海里倾倒大米、馒头，为龙兵们添粮草。等到鲸鱼过后，渔货船才能够恢复作业或航行。

妈祖巡游祭祀

海神神像

备牲礼祭海祭龙王

龙王庙祭祀

LONGWANGMIAO JISI

沿海渔民祭海的习俗由来已久，因为在神话传说中，龙王是住在水里统领水族的王，所以渔民们尊龙王敖广为"海神"，并在海边立龙王庙，作为祭祀的场所。因此，一般在靠海的地方都建有龙王庙。

龙王庙的规模不同，有大有小。规模大的龙王庙金碧辉煌如同宫殿一般，龙王金身彩塑，威严非常，虾兵蟹将寻海夜叉肃立两旁，气势更胜人间帝王。规模小的龙王庙可能只是一座不起眼的神龛，里面连龙王的塑像都没有，只有一座用来祭拜的神位。

祭拜龙王的祭奠称作"祭海"，也称作上网节，因为渔民将出海前把网具运上船的工作称为"上网"，标志着将要出海打渔了。

龙王庙

祭海的时间没有具体规定,只是在谷雨前后选一个吉日进行。

祭海的供品十分丰富,其中最重要的,也是必不可少的一件供品是一头宰杀好的猪。这头猪必须是整猪,宰杀清洗干净后还要精心打扮,嘴衔红花,身披彩绸,特别是猪背上要蒙上一层形似渔网的板油脂皮,寓意是希望一网下去可捕到肥猪般的鱼。

祭典当天,村民们抬着装饰好的整猪,渔妇们穿着节日的盛装,提着供品从四面八方汇集到海滩上。各家都非常有秩序地将供桌、供品摊摆开来,在供桌前还要有一只雄鸡,取意"大吉大利"。各家往庙前的照壁上贴对子,这些对子都是预祝丰收的吉祥话语,比如"水不扬波"、"满载而归"、"金玉满堂"、"风平浪静"、"天保发财"等。

上午9点,祭典正式开始,海滩上鞭炮齐鸣,锣鼓喧天,万头攒动,一片欢腾。戏班唱戏三天三夜,秧歌、龙灯、旱船、腰鼓及各种表演纷纷登场,热烈的场面极为壮观。随着阵阵的鞭炮声,渔民喜悦地迎接一年的新生活。

图书在版编目（CIP）数据

海神传说/红将编写.—北京：海洋出版社，
2012.5
（蔚蓝世界海洋百科丛书）
ISBN 978-7-5027-8272-6

Ⅰ.①海… Ⅱ.①红… Ⅲ.①海洋-神话-青少年读物
Ⅳ.①P117

中国版本图书馆CIP数据核字（2012）第097257号

责任编辑：张晓蕾
责任印制：赵麟苏

 出版发行
www.oceanpress.com.cn
北京市海淀区大慧寺路8号（100081）
北京画中画印刷有限公司印刷
新华书店发行所经销
2012年5月第1版　2012年5月第1次印刷
开本：889mm×1194mm　1/24
字数：65千字
印张：3
定价：12.00元
发行部：62132519　邮购部：68038093　图书中心：62100038

海洋版图书印、装错误可随时调换